王冶 —— 著绘

中信出版集团 | 北京

图书在版编目（CIP）数据

金属兄弟搅动江湖 / 王冶著绘 . -- 北京 : 中信出版社 , 2024.4（2024.10重印）
（爆笑化学江湖）
ISBN 978-7-5217-5736-1

Ⅰ . ①金… Ⅱ . ①王… Ⅲ . ①化学—少儿读物 Ⅳ . ① O6-49

中国国家版本馆 CIP 数据核字 (2023) 第 086870 号

金属兄弟搅动江湖
（爆笑化学江湖）

著 绘 者：王冶
出版发行：中信出版集团股份有限公司
（北京市朝阳区东三环北路27号嘉铭中心　邮编　100020）
承 印 者：北京尚唐印刷包装有限公司

开　　本：787mm × 1092mm　1/16　　印　　张：38　　字　　数：1000千字
版　　次：2024年4月第1版　　印　　次：2024年10月第3次印刷
书　　号：ISBN 978-7-5217-5736-1
定　　价：140.00元（全10册）

出　　品：中信儿童书店
图书策划：喜阅童书　　策划编辑：朱启铭 由蕾 史曼菲
责任编辑：房阳　　营　　销：中信童书营销中心
封面设计：姜婷　　内文排版：李艳芝

服务热线：400-600-8099
投稿邮箱：author@citicpub.com

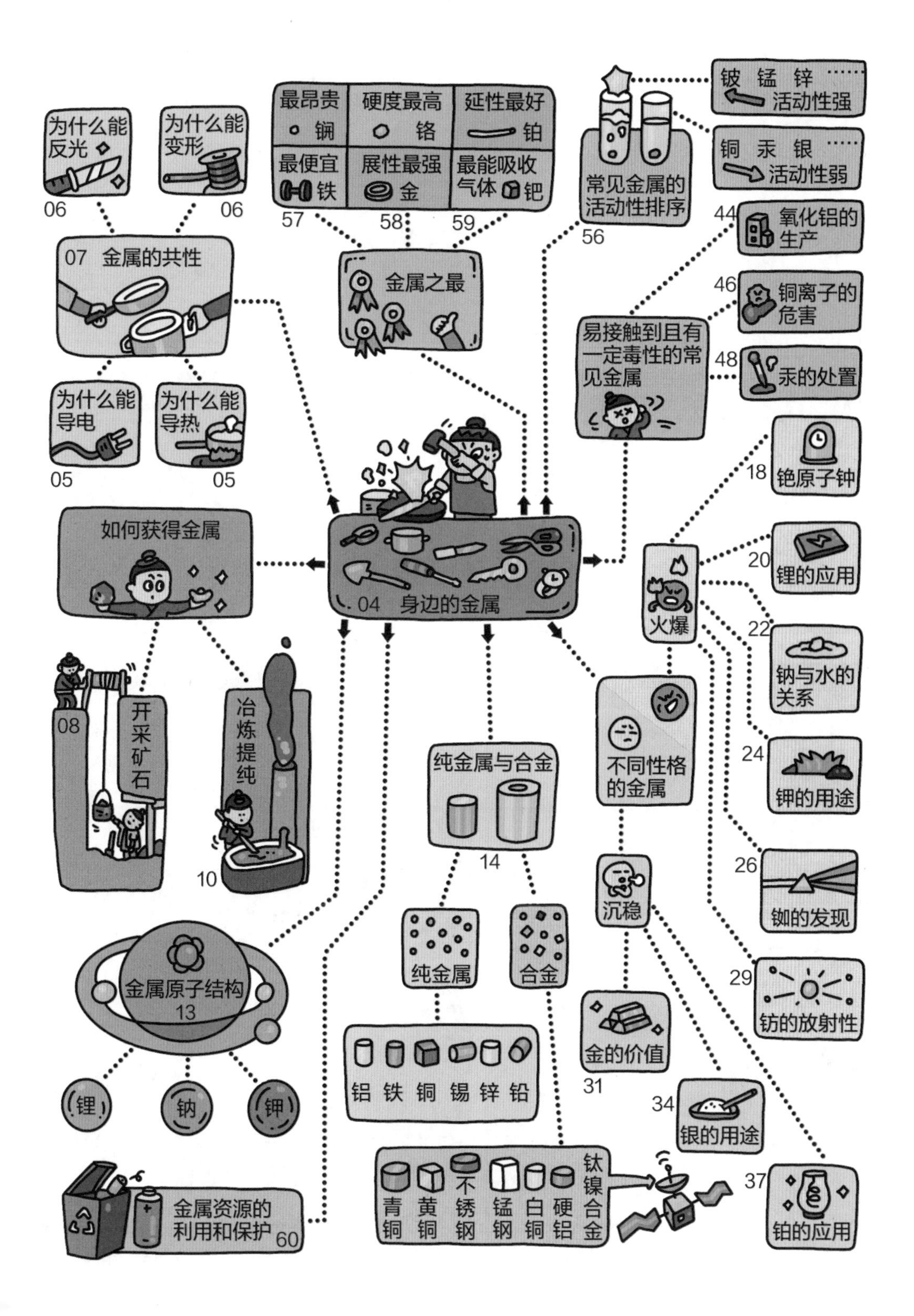

为什么能反光
06
为什么能变形
06
07 金属的共性
为什么能导电
05
为什么能导热
05
最昂贵 铜
硬度最高 铬
延性最好 铂
最便宜 铁
展性最强 金
最能吸收气体 钯
57
58
59
金属之最
常见金属的活动性排序
56
铍 锰 锌
活动性强
铜 汞 银
活动性弱
44 氧化铝的生产
46 铜离子的危害
48 汞的处置
易接触到且有一定毒性的常见金属
04 身边的金属
如何获得金属
08 开采矿石
10 冶炼提纯
18 铯原子钟
20 锂的应用
22 钠与水的关系
24 钾的用途
26 铷的发现
29 钫的放射性
火爆
不同性格的金属
沉稳
金的价值
31
34 银的用途
37 铂的应用
纯金属与合金
14
纯金属
合金
铝 铁 铜 锡 锌 铅
青铜 黄铜 不锈钢 锰钢 白铜 硬铝 钛镍合金
金属原子结构
13
锂
钠
钾
金属资源的利用和保护 60

呼呼

?

不好，
是老虎！

咔！

武松的木棒要是金属的就不会折断了。

我们手里的木棒也不结实，应该换成金属的。
哪里能弄到金属的呢？

你往那儿看！

打铁铺
叮叮当当！
你好！我们想买金属做的兵器！

要哪种金属做的？如果没想好，那我先给你们介绍介绍吧，然后你们再做选择。
那太好了。

我们身边处处都有金属的身影，小到生活用品、生产工具，大到宇宙飞船、摩天大楼，金属材料被广泛地应用着。

针和顶针

钉子和图钉

钳子、扳手和螺丝刀

自行车

汽车

火车车厢、铁轨

起重机

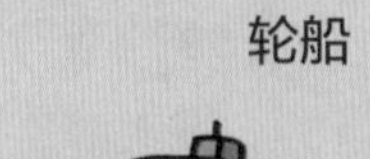

轮船

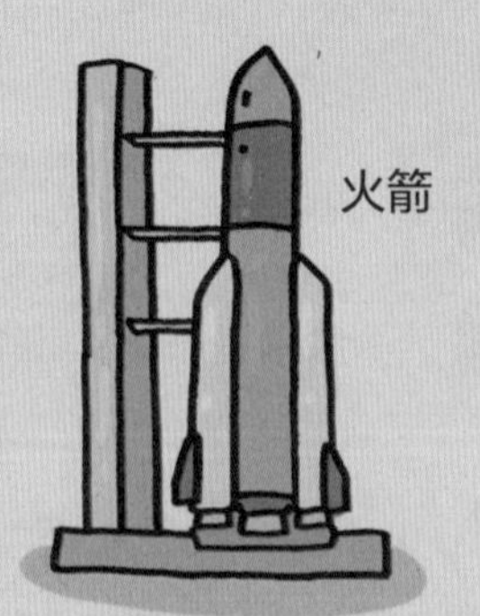

火箭

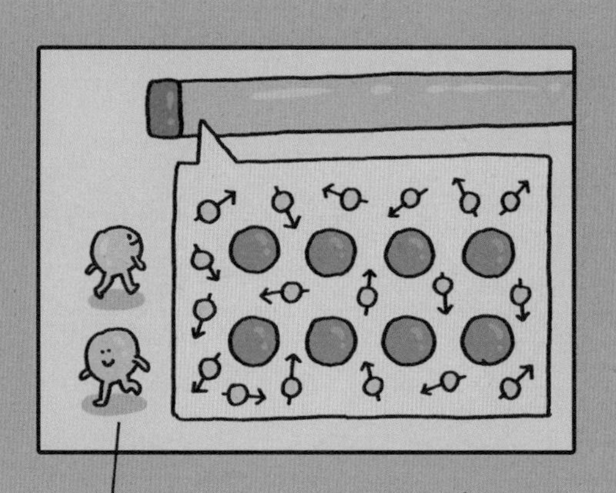

金属为什么会导电?

金属内的自由电子在平常状态下会做不规则运动。

在外部电场的作用下,自由电子会朝一个方向移动,这样就形成了电流。

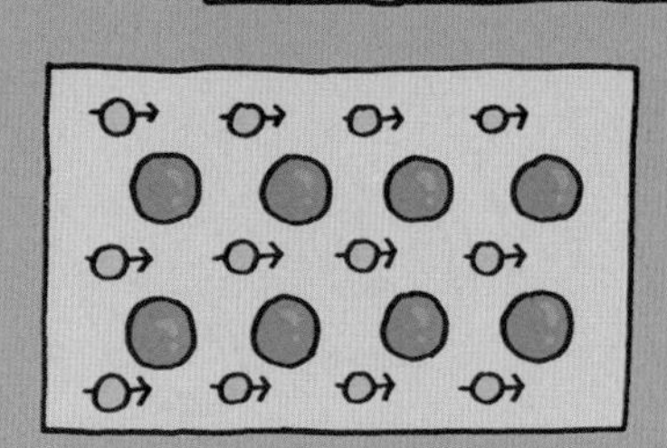

金属为什么会传热?

如果金属的一端受热,受热部分的自由电子能量就会增加,运动就会加剧。

自由电子会不断与金属阳离子、金属原子碰撞传递能量,这样就把热量转移到了金属的其他部分。

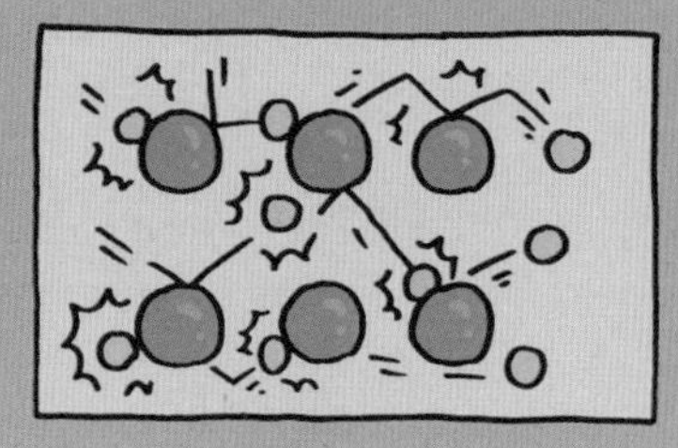

反光与变形

自由电子

金属为什么会反光?

当可见光照射到金属上时，金属表面的自由电子会以与可见光相同的频率进行振动。

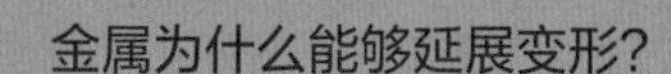

这些自由电子还能将光吸收然后再反射出来，这样金属就产生了反光。

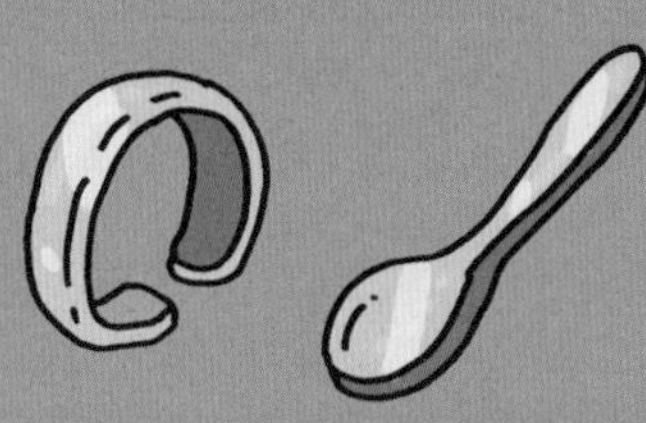

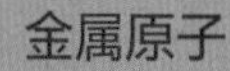

金属原子

金属为什么能够延展变形?

金属在受到外力作用的时候，内部的金属原子会发生位移。

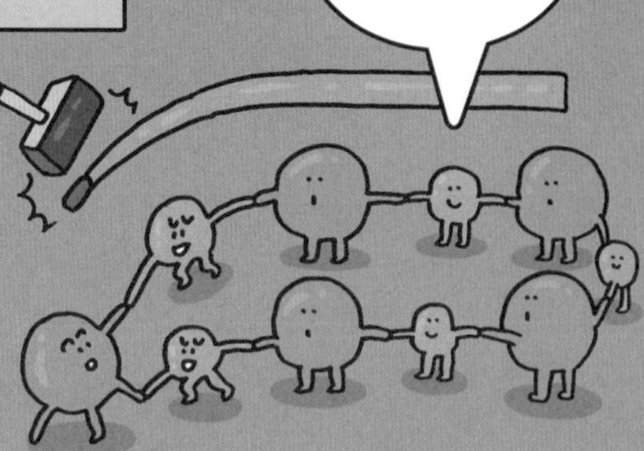

这时，金属原子与自由电子间的连接并没有被破坏，自由电子在外力作用下也能牢牢牵住原子，这样金属就具有了可以变形、延展的特性。

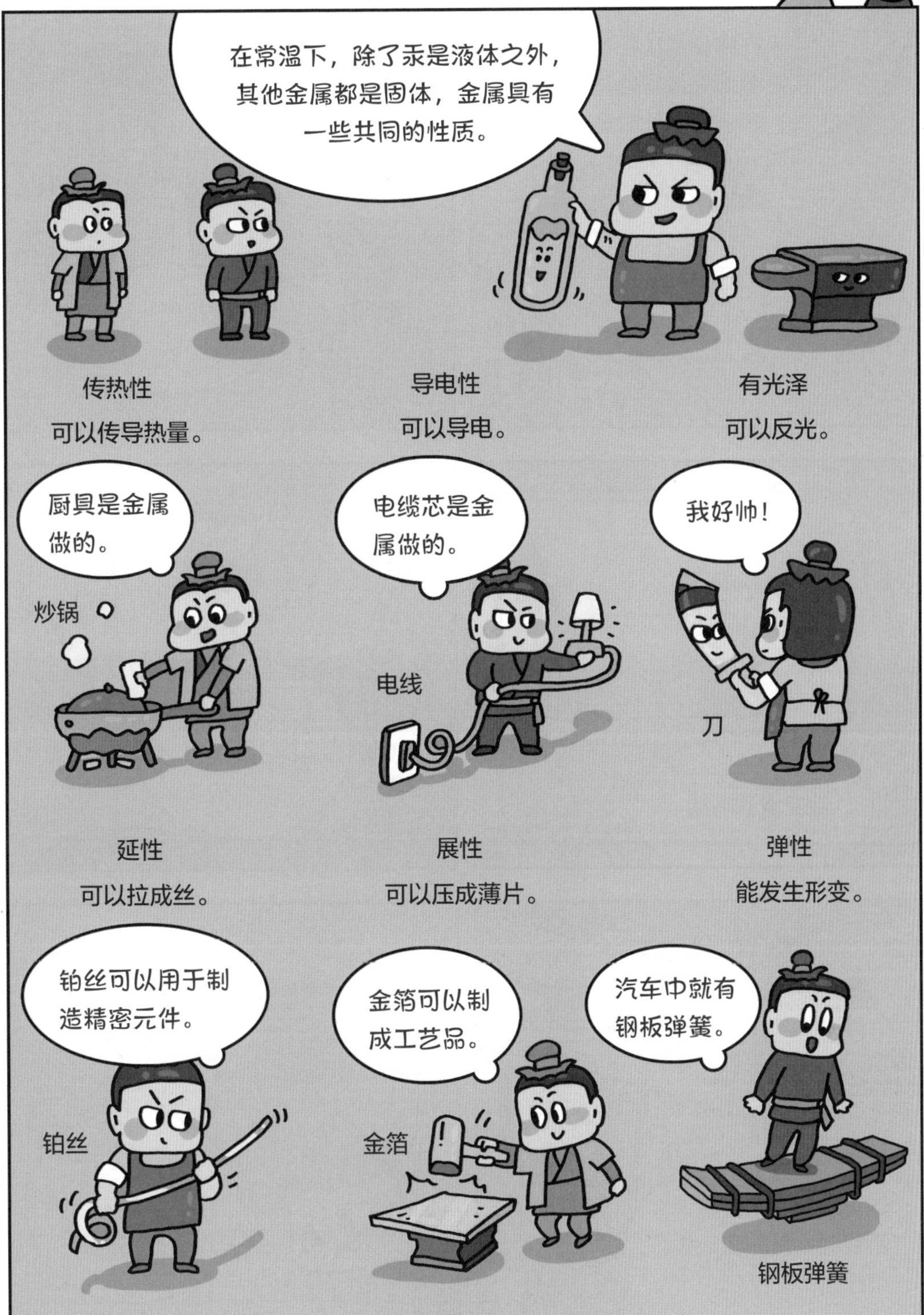
在常温下，除了汞是液体之外，其他金属都是固体，金属具有一些共同的性质。
传热性
可以传导热量。
导电性
可以导电。
有光泽
可以反光。
厨具是金属做的。
炒锅
电缆芯是金属做的。
电线
我好帅！
刀
延性
可以拉成丝。
展性
可以压成薄片。
弹性
能发生形变。
铂丝可以用于制造精密元件。
铂丝
金箔可以制成工艺品。
金箔
汽车中就有钢板弹簧。
钢板弹簧

今天去挖金属矿石！有矿石我才能炼出各种金属，看你俩谁挖得多。

我挖到一块铁矿石。

我又挖到一块。

哈哈！给你看看我的收获。

这里是我先来的，你不要跟我抢，我还要继续挖。

那我就自己干，我不信我挖不到。

加油！加油！

不要轻言放弃！

你今天收获
不小啊。

你一定挖了很多，真
厉害！带我去看看。
我挖的带
不回来。

……
我挖出一口井。

陶土这种材料塑形
倒是很方便。

但是它不结实。

看，冶炼出来的
铜很结实。

叮叮当当！

铁和铜一样，通过
敲打和浇铸能制成
不同形状的工具。

哇！我捡到
一块金子。
一定是落
在来时的
路上了。

拾金不昧是应该的，我不要你的鱼。
作为感谢，这两条鱼跟金子比根本不算什么，你拿着吧！

砂金：在河流中与石沙混杂在一起的金颗粒，纯度不一。
我在河里捞砂金费了好大力气。

又进行了冶炼提纯才得到这块金子。

有了它我就可以买我想要的东西。

我们也去河里捞砂金吧！
好呀！

你捞到了吗?
砂金没捞到，鱼反而跑了！

我最外层的电子只有1个，它好像有点多余。
钠
钠
+11 2 8 1

我最外层电子有一个空位，这使我没有安全感。
氯
+17 2 8 7
氯

送给你了！
谢谢啊！

氯化钠就是我们常吃的食盐。

原子由原子核和原子核外面分层排布的电子组成。

原子核外电子最少的只有1层，最多的有7层，最外层电子不超过8个（只有1层的，电子不超过2个）。

在化学变化中，原子都希望通过得到电子或者失去电子来使自己达到稳定结构。

只有1层时，只要2个电子就可以达到稳定结构。其他情况下最外层有8个电子可达到稳定结构。

绝大多数金属原子的最外层电子数小于4，比如锂、钠、钾。

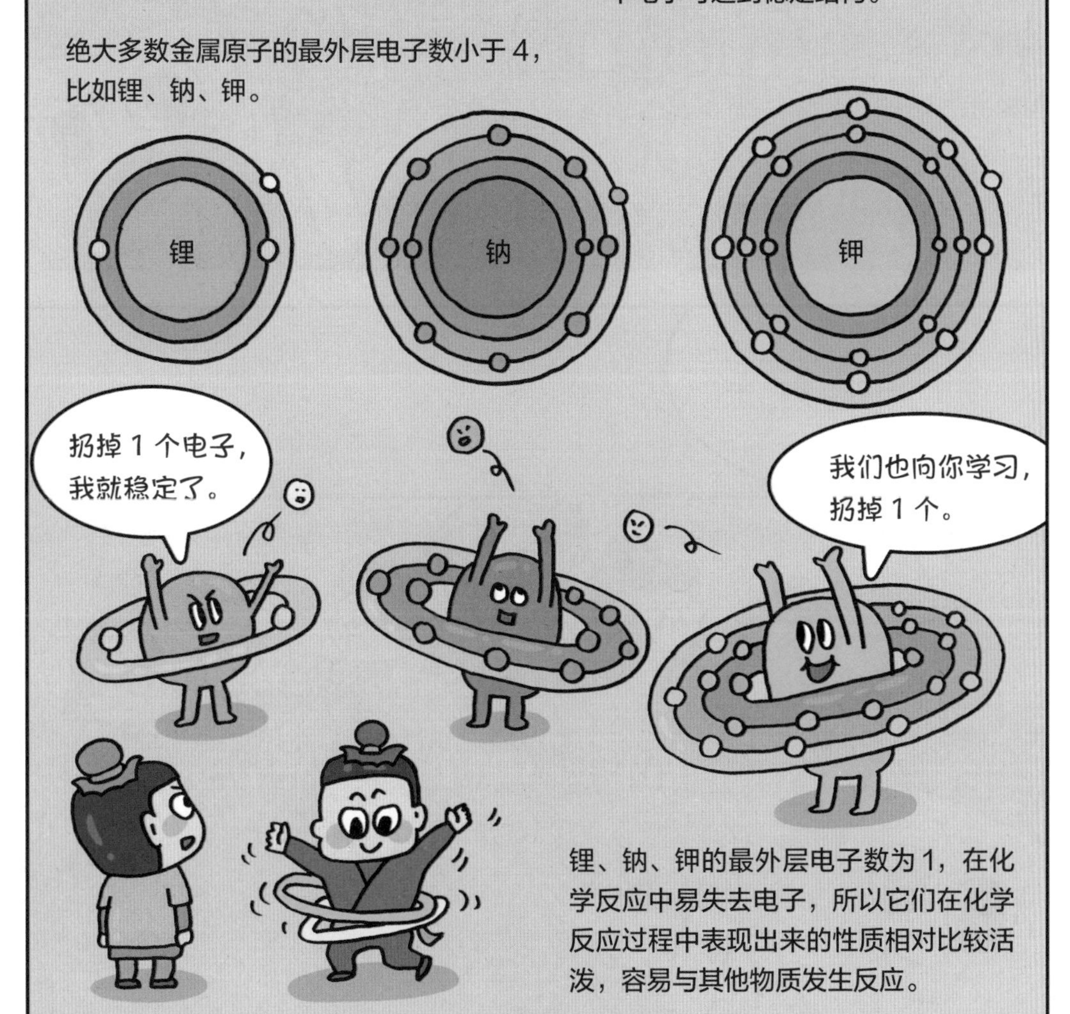

锂
钠
钾
扔掉1个电子，我就稳定了。
我们也向你学习，扔掉1个。

锂、钠、钾的最外层电子数为1，在化学反应中易失去电子，所以它们在化学反应过程中表现出来的性质相对比较活泼，容易与其他物质发生反应。

目前人类通过现有技术能够制造出来的纯金属有 90 多种。
锡
铜
锌
铁
铅
铝

能够制造出的金属合金有数千种。
不锈钢
黄铜
锰钢
青铜
白铜
硬铝

今天考试要考昨天学的知识，可是我都忘了。
问问他们吧，他们不是号称记忆合金吗。
钛镍合金

昨天学的你们还记得吗？
昨天？

我们是记忆合金不假，但我们是形状记忆合金，只能记住形状。

昨天不是上的体育课吗，今天考的也是体育呀！三点倒立。

对呀，想起来了，三点倒立很容易，就是这样。
不愧是形状记忆合金，你们真厉害。
咣！

会变形的钛镍合金

我们日常使用的金属材料，大部分是合金。在某种纯金属的生产过程中混入一定比例的其他金属或非金属，就可以得到合金。

合金的性能比纯金属要丰富很多，可以满足不同的生活、生产、研究需要。

在炼铁过程中加入焦炭和石灰石，铁矿石经过一系列反应就会变成生铁。

由钛和镍加工而成的钛镍合金被称为形状记忆合金，具有形状记忆功能。

焦炭
石灰石（造渣用熔剂）
炉渣
铁水

火箭的空间有限，装不下这么大的天线。

没关系，这是由记忆合金做的卫星天线，可以压缩。

在低温下压扁，占用空间很少。

被火箭发射到太空中。

利用太阳辐射加热，温度升高后形状开始恢复。

直到恢复如初。

做完这个蹲起就可以歇一会儿了。
铯

你来得正好。

发挥你的特长，帮我按按腿。

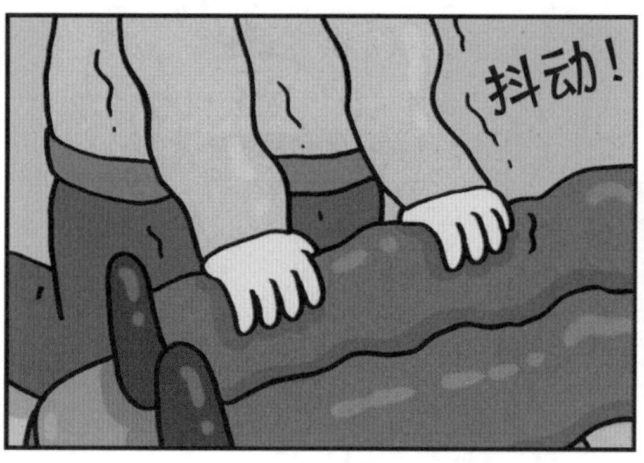
抖动！

找他们去吃饭。

这是触电了呀！
颤抖！

我来救你！
嗖！

你打我干什么？
铯擅长“抖动”，他在帮我按摩。
我以为你触电了呢。

铯是最活泼的金属之一，在空气中极易被氧化。

铯在 1860 年被德国物理学家基尔霍夫和德国化学家本生发现，两人用拉丁文 caesius(意为“天蓝色”) 为其命名。

铯在空气中一分钟之内就能自燃起来，生成一种灰蓝色的氧化铯。

铯原子最外层电子绕其原子核旋转一圈的时间总是极其精准的，约为几十亿分之一秒。

1 秒钟的时间，铯原子能振荡 9192631770 次。

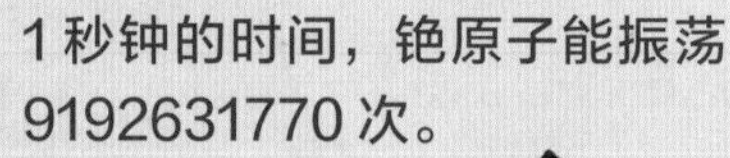

利用铯原子的这个特点，科学家研制出了铯原子钟。

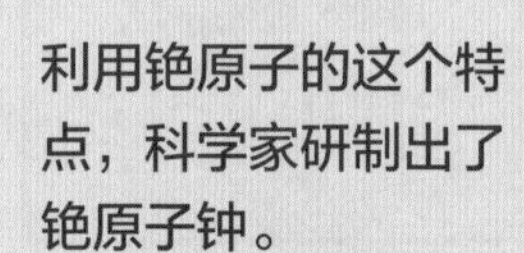

铯原子钟是世界上走时最精准的钟。走上 30 万年误差也不超过 1 秒。

怎么一到泼水节，氢化锂就用雨衣把自己捂得严严实实的？

他雨衣后面有个洞，我们去给他泼点水，送祝福。

滋！

看，他的雨衣膨胀起来了！

是我产生了氢气。

空气
氢气的爆炸极限是4.0%~75.6%(体积浓度)。即氢气与空气混合时，氢气体积占比在上面的范围之内遇火燃烧会发生爆炸。
氢气

哗啦！
多亏今天是泼水节！

锂的化学性质十分活泼。
锂
锂的密度很小，是一种很轻也很软的金属。
作为一种金属，我轻到能在液体石蜡中浮起来。
1817 年，瑞典科学家阿弗韦聪在研究透锂长石的时候发现了锂，锂的名字 lithium 来源于希腊文 lithos，意思是石头。
氢化锂与水发生反应会产生大量的氢气。
充气速度快、充气量还大。
所以氢化锂曾经在救生艇、救生衣等设备上有广泛的应用。
1 千克锂燃烧后能释放 42998 千焦的热量，是制作火箭燃料的最佳金属之一。
哇！好多的能量。
锂电池是高能储存介质，目前手机、笔记本电脑、电动自行车、电动汽车大部分采用的都是锂电池。

跟我们比一比
才能知晓。
钠
游泳比赛，
预备——
听说钠很厉害！

开始！

扑通！
扑通！

嗖嗖嗖！

噼里啪啦！
我是第一！

他也太快了，
从水面上就过去了。
还噼里啪啦地响，
自己给自己庆祝！
太猖狂了。

钠同样是化学性质活泼的金属。

我的密度比水小，所以可以漂浮在水面上。
钠

1807 年，英国化学家戴维从电解熔盐实验中得到了金属钠。

人们在做菜的时候加入的食盐，其主要成分是氯化钠。

多撒点盐！我喜欢吃咸的。
吃多了口渴。

钠是细胞外液中的带正电的主要离子，起着维持渗透压的作用，影响人体内水的动向。

虽然钠是人体所需的重要元素，但是当人体内的钠离子增多时，肾脏会将多余的钠离子排出体外，此时就需要有足够多的水分。

你知道“卧冰求鲤”的故事吗?

知道呀，不就是一个孩子脱了衣服卧在冰上，用体温化开冰面给他母亲抓鱼的故事嘛。

多遭罪呀，太不容易了。
这有什么，多简单啊！看我的！

你是谁?
我是钾。

你们等着。

呼!

不光抓到鱼，我还帮你们把它烤熟了!
我正好饿了。
你可真厉害呀!

钾是比钠化学性质还活泼的金属。钾的密度比水小，因此钾可以在水上漂浮，同时发生反应，燃烧并放出紫色的火焰。
钾在冰上也可以燃烧。
1807 年，英国化学家戴维做电解熔盐实验，在发现钠的同时也发现了钾。
钾如果暴露在空气中，表面会迅速氧化形成氧化钾。
如果加热就会燃烧。
氧化钾
草木灰中含有碳酸钾。
可别把我当垃圾扔了呀！
这是纯天然弱碱性肥料。
碳酸钾能去除油污，所以草木灰可以当作洗涤剂使用。
草木灰还是一种钾肥，给水稻施加适量的钾肥，能防止水稻生病。

钠游泳很猖狂吗？带我去跟他比一比。
这也正是我们来找你的原因。
铷

预备！

开始！
嗖！

砰！

哎呀！
您太厉害了！不比了，游泳池都被您炸没了。

铷也是化学性质非常活泼的金属，很软，在光的作用下易放出电子。
我感觉我们离他远点会安全一些。
铷
德国化学家本生发明了一种灯，通过观察不同物质在灯里面燃烧产生的不同颜色的火焰来对物质进行化学分析，但是有些物质火焰颜色几乎相同，这种情况让他十分困扰。
氢气
铷遇到水发生剧烈的化学反应，生成氢气和氢氧化铷，同时放出大量热量，可以使氢气燃烧。
本生一定会喜欢我的这个发明。
德国物理学家基尔霍夫发明了一种能分解光线的仪器，叫作分光镜。基尔霍夫把分光镜交给了本生。
里面的三棱镜能够使复色光在通过时发生色散。
已经点燃了。
你快过来看看，这是什么？
锂云母矿石
这种分析物质化学成分的方法叫作光谱化学分析法。
1861年，本生和基尔霍夫发现了一种能产生红色光谱线的未知元素，这就是铷（铷的拉丁文就是深红色的意思）。

要是有人跟你借钱，千万不要借给他。
为什么？
别问为什么，总之就是不要借！

借我 20 元钱呗！
20 元钱倒是不多。

半个小时就还你。
半个小时？那好吧。

谢谢啊！你真是个热心人。

我刚才借出了 20 块钱，他说半个小时就还给我。
什么？

赶快找他要回来，超过 22 分钟就晚了。
为什么呀？

是他吗？
不是，长得不一样。
你们要干什么？

有一个叫作钫的，他在短时间内会变身，我就被骗过钱。现在很难再辨认出他了，他就是利用这点来迷惑我们的。
真是防不胜防呀。
……

钫的化学性质十分活泼，而且具有放射性。

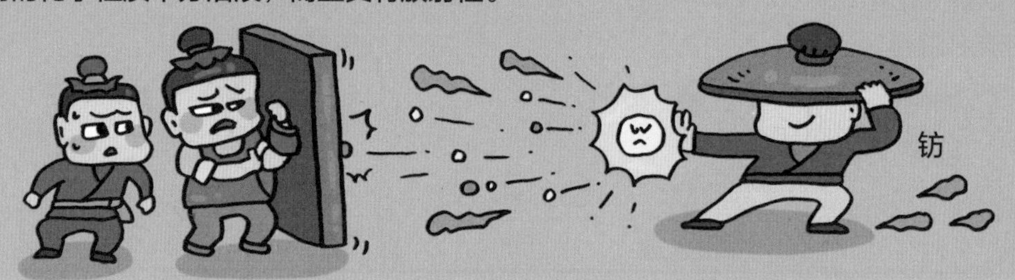
钫

1939年，法国科学家佩雷发现了钫，为了纪念她的祖国法国（France），把这种元素称为francium。

放射性是指元素的原子核向外射出粒子和能量的性质。

钫是一种极不稳定的金属，在地壳中的含量非常低，约为30克。

为什么钫这么罕见呢？

钫-223是半衰期特别短的放射性元素。

半衰期是指放射性元素其中一半原子发生衰变所需要的时间，钫原子的半衰期为22分钟，如此这样衰变下去，变成另一种元素。

半衰期
22分钟
22分钟
22分钟
一会儿不见，他就不是原来的他了。

这就是钫元素稀有罕见的原因，钫是世界上最不稳定的天然元素。

我好羡慕你呀，
这么富有。

想要什么都能得到，
这多让人开心呀！

但是我不快乐呀。

为什么？
因为我太孤独了。

我也不能陪你了，因为这里面连空气
也是要被抽出去的，拜拜。
唉，只能待
在保险柜里。

金是化学性质特别稳定的金属，不容易与其他元素发生化学反应；金也是人类最早发现的金属之一，被全世界公认为是最有价值的金属。

哇！是金子。
人们常佩戴黄金饰品。
放金库里最安全！
国家用黄金储备来作为稳定国民经济、抑制通货膨胀、提高国际资信的手段，这同时也是衡量国家财富的一个指标。
世界各国黄金储备的总量超过 3 万吨。
有科学家估算，地球上大概有 48 亿吨黄金，但 99% 都在地核中。
地核太深了，根本挖不到。
48 亿吨
地核

好饿呀，我们去饭店吃饭吧。
好呀，我也好饿。

这有可能是一家黑店。菜里可能有毒，我是银，我能测出来菜里有没有毒。

民间常说的毒药“鹤顶红”其实不是从丹顶鹤头顶提取的，而是信石。信石是提炼毒药砒霜的原料。
信石
煅烧提炼
砒霜
我没有毒，不用怕。

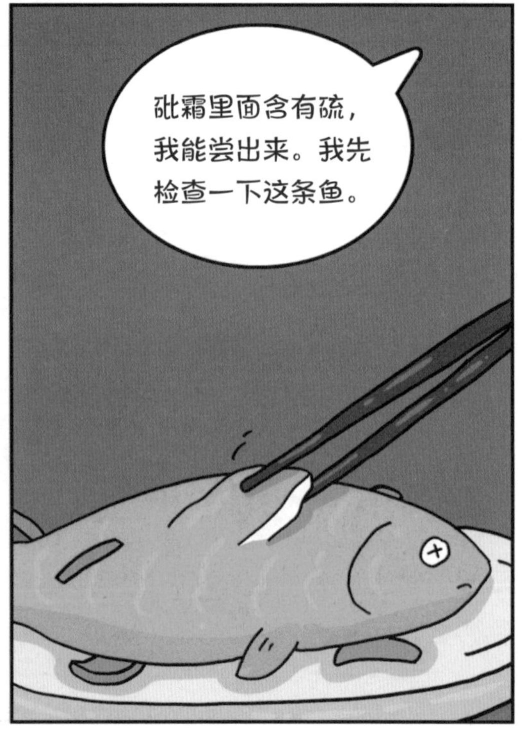

砒霜里面含有硫，我能尝出来。我先检查一下这条鱼。

鱼有点咸，但是没有毒！

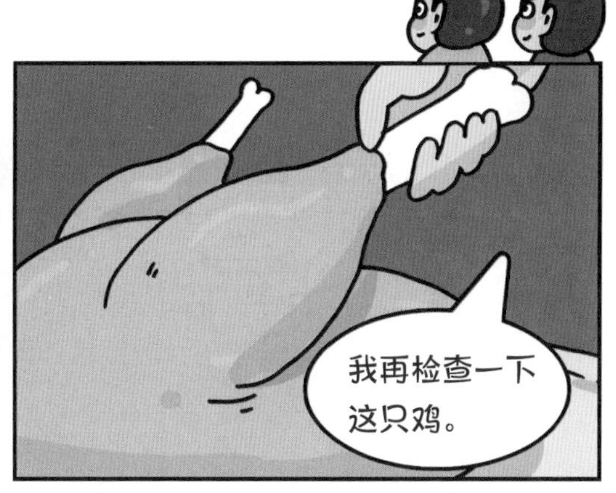
我再检查一下这只鸡。

我看你就是骗吃骗喝的。
都没有毒，你们放心吃吧！

给你点颜色瞧瞧！
硫

讨厌，我脸都变黑了！
硫化银

银是化学性质比较稳定的金属，和金一样，也是世界公认的贵金属，银的化学符号 Ag 来源于拉丁文 argentum，意思是浅色的、明亮。

银在中国古代和近代都曾作为货币使用。

银 + 硫 → 硫化银

1 两银子折合现在的多少钱呢？因为每个朝代的情况不同，货币价值不一样。

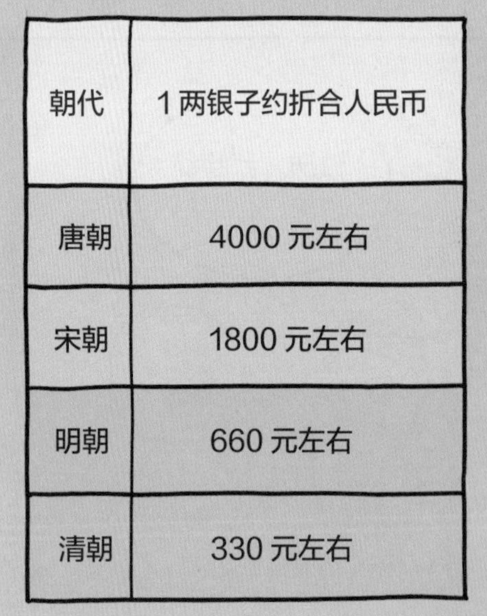

朝代	1 两银子约折合人民币
唐朝	4000 元左右
宋朝	1800 元左右
明朝	660 元左右
清朝	330 元左右

银与硫会发生化学反应生成黑色的硫化银。由于古人用砒霜来当作毒药，砒霜中含有硫，所以银可以用来试毒。

你敢喝这种点着的“火焰酒”吗?

我可不敢，这挺危险的。
铂

咦?

你喝了?
我喝了!

我竟然开始发光!

你这个能耐
不错呀！

挺有用的。

来来来！
上哪儿去呀？

放我下去，为什么把我放到房梁上来？

我们不用点蜡烛了，你能照亮很大空间。
感谢你带来的光明，哈哈哈！

铂是化学性质稳定的金属，俗称白金，1735 年被人发现，由于铂看起来十分像银，所以铂的名字 platinum 灵感来源于西班牙文 platina（意思是银）。
他们太像了，如何区分铂和银？
铂
银
相同体积，铂比银要重一倍。
铂不会与氧气发生反应，而银与氧气接触容易变黑。
氧气
银
哼！
铂
它太高冷了，咱俩一起玩。
1820 年，英国化学家戴维用酒精润湿铂丝并点燃。
铂丝发光啦！
铂对酒精的氧化起了催化作用，使酒精燃烧得特别剧烈，铂本身温度升高由此发光。
煤油灯
铂丝灯
戴维发明的铂丝灯曾在欧洲深受人们的喜爱。

怎么办?
我也不知道啊!

我们被困在这孤岛上了。
没人能发现我们。

阿嚏!
阿嚏!
阿嚏!
你一打喷嚏，火焰就变大。

阿——嚏!
阿——嚏!
阿——嚏!

阿嚏!
阿嚏!
阿嚏!

向那边开！

你是怎么知道我们在这儿的？

我看到你发的求救信号了。

三短、三长、三短。这就是国际通用的SOS求救信号呀！

如果遇到了危险，可以用灯火或声音，按照三短、三长、三短这样的节奏向外传递信号！寻求帮助。

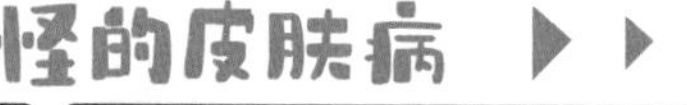
奇怪的皮肤病

咚咚咚！

医馆
这不是铝兄弟吗？这么晚了，你有什么事？

大夫，您看看我是不是得了皮肤病啊？

有什么症状？

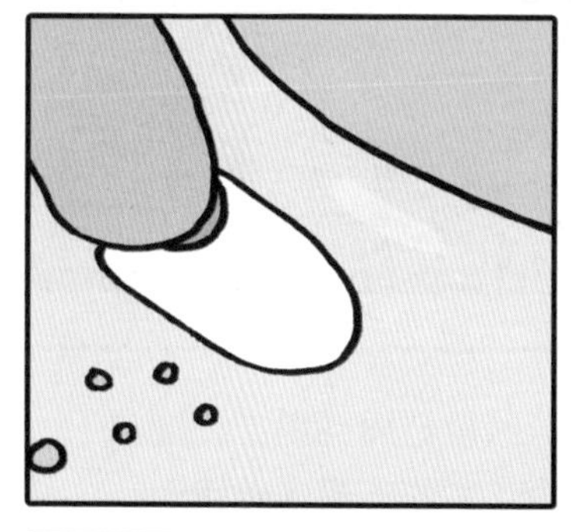

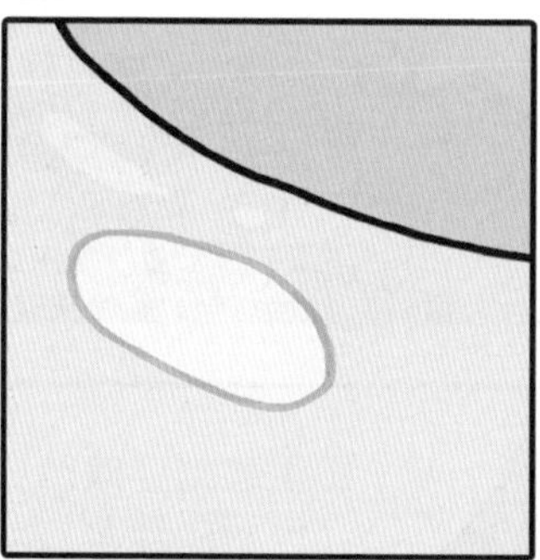

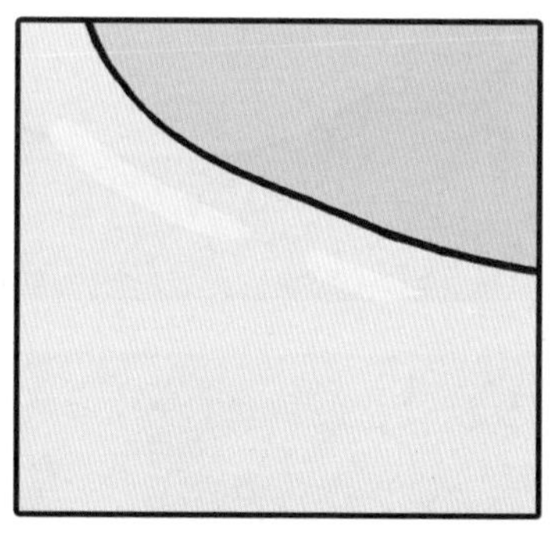

去掉点皮屑后，下面的皮肤瞬间就跟表皮一样了。
嗯，你的皮肤表皮看来是覆盖了一层膜！

阿嚏！
轰！
噼里啪啦！
哎呀
……
？
这东西是氧化铝！

铝兄弟，你的这种情况其实是这么回事……

在空气中，铝的表面会形成一层致密的氧化膜，这层氧化膜能够阻止内部的金属继续氧化。

铝的这层氧化膜厚约 50 埃。

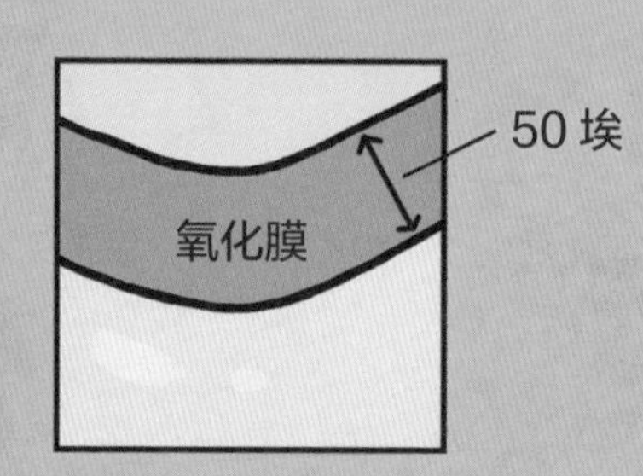

埃是分子直径和光波长度的常用计量单位，符号 Å。

1 埃 = 0.1 纳米 = 10^{-10} 米。

哎哟，好痛！

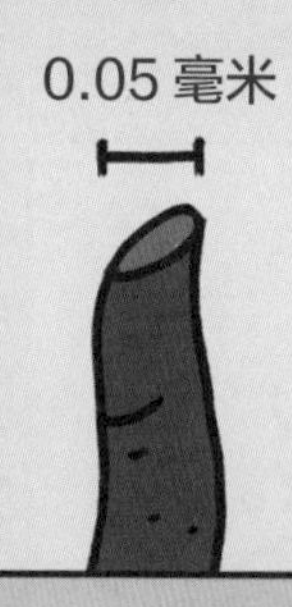

一根头发的直径约是 0.05 毫米，铝表面氧化膜的厚度只有 0.000005 毫米。

氧化膜的厚度和性质都能通过“阳极化处理”的过程得到加强。

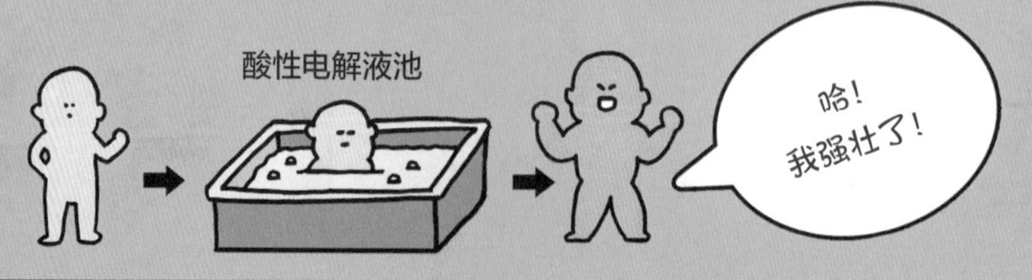

金钟罩高手——铝

嗨，你在干什么？

铝是一种银白色轻金属，有延展性，容易导电。人体内摄入过多的铝，会对脑细胞造成伤害。

给你们表演一场焰火魔术。

铝粉在氧气中点燃会发生剧烈的燃烧，发出耀眼的白光，放出大量的热，生成氧化铝。

氧化铝的用途非常多：

耐火砖

耐火坩埚

耐火管

耐高温实验仪器

人造刚玉、人造宝石

电路板基

研磨剂

阻燃剂

将铝土矿粉碎。

用高温氢氧化钠（苛性钠）溶液浸渍。

铝酸钠溶液会析出氢氧化铝。

将氢氧化铝分离出来洗净。

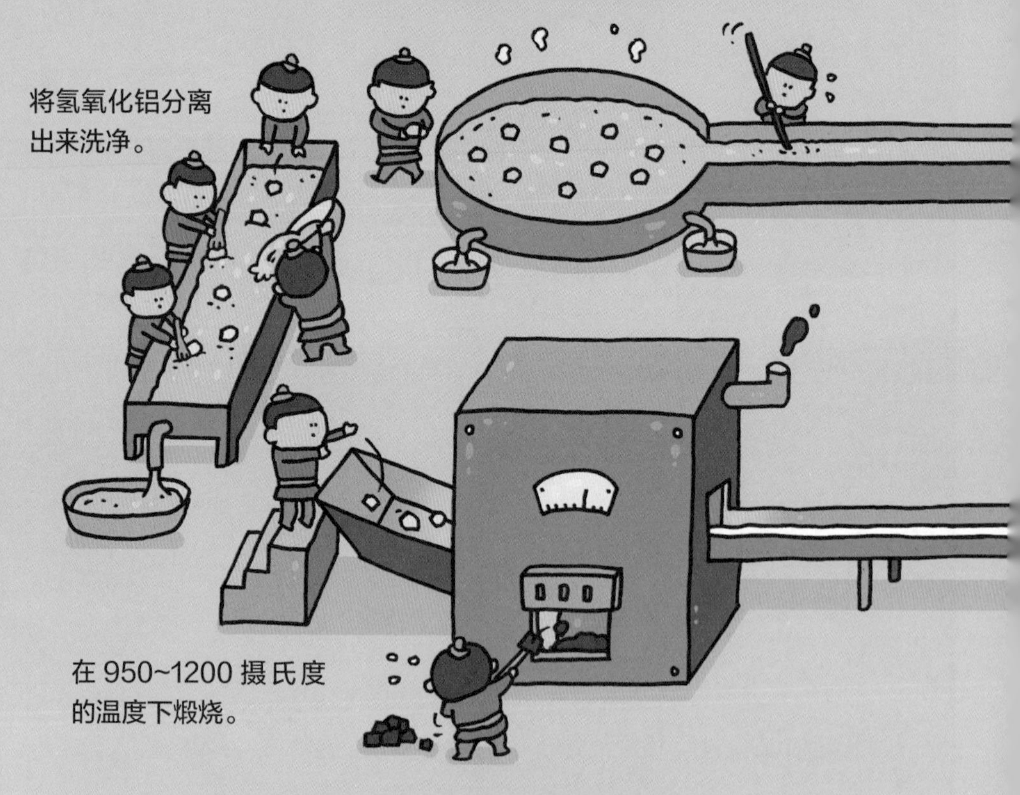

在 950~1200 摄氏度的温度下煅烧。

过滤去掉残渣。
获得铝酸钠溶液。
加入氢氧化铝作为晶种。
长时间搅拌。
世界上用拜耳法生产的氧化铝要占到总产量的90%以上。
得到氧化铝粉末。

此法由奥地利科学家拜耳在1888年发明，时至今日仍是工业生产氧化铝的主要方法，人称“拜耳法”。

焖一锅米饭。

哗啦！

对呀，怎么了？
水怎么是热的！你是从热水器里来的吧？

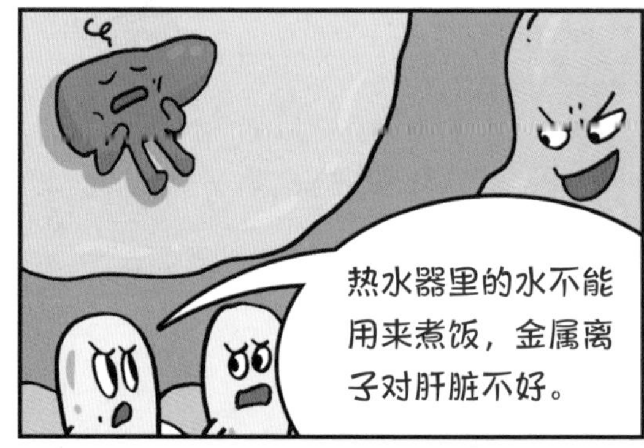
热水器里的水不能用来煮饭，金属离子对肝脏不好。

水：人类又听不懂你们说的话，哼哼。
米粒：我们得想个办法。

饭好了。

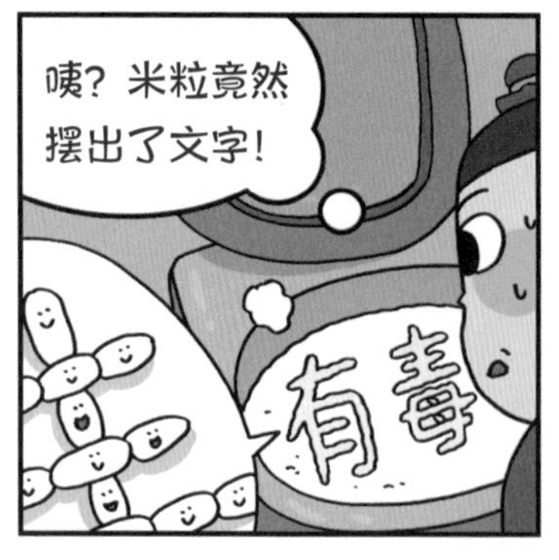
咦？米粒竟然摆出了文字！
有毒

铜离子会破坏人体内蛋白质的功能，对人的肝脏、肾脏、神经系统都会造成伤害。
记住，不要用热水器里的水焖饭。

你做得太
精美了！

这就称得上精美了？你们是没见过更好的东西。

铜是人类发现并最早使用的金属之一，在四五千年以前，中国的古人便会用铜制作器皿和武器。

收藏于中国国家博物馆的四羊方尊、后母戊鼎是商代时期所铸的青铜器，精美的青铜器体现了当时古人精湛的铸造工艺。

四羊方尊

后母戊鼎

由于铜有良好的延展性、导热性和导电性，所以铜是电子元件、电缆、管材最常用的材料。

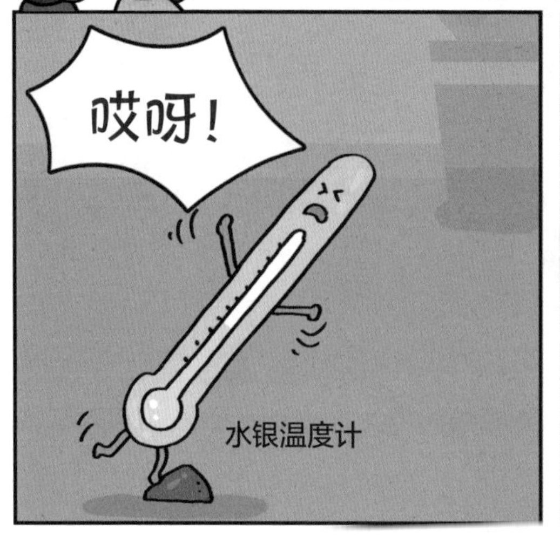
哎呀！
水银温度计

水银（汞）流出来了，它有毒，怎么对付它呀？

汞蒸气有毒，我把窗户打开。

要是吸管在就好办了。

让吸管吸取水银。

再挤到瓶子里装起来就好，可惜吸管现在不在身边。

只能用硫粉盖一下。硫粉能与水银形成硫化汞，减少水银的挥发。

用硬纸板将反应物铲起来。

放到密封的瓶子中。

接下来怎么办呢?

交给专门负责回收的人来处理吧。

现在放心了，千万不要觉得水银好玩而用手去接触它。还应该打开窗户保持通风，吹走水银蒸气。

汞是常温常压下唯一以液态形式存在的金属，俗称水银。
汞在常温下就可以蒸发。汞的单质和化合物都有剧毒。
嗨！
汞
嗝！
头好晕！
中国古代王侯在墓葬中会大量使用水银，比如齐桓公的墓中，就是以水银为池。
有专家认为使用水银是丧葬习俗，也有专家认为是为了防腐和防止盗墓者偷盗。
古代炼丹师正在炼丹。
正常的大脑
汞中毒的大脑
可保大王长生不老！
别吃，有毒！
汞中毒会导致肾脏受损，口腔会出现炎症，对神经系统的伤害也比较大，记忆力和智力都会下降。
古代的帝王追求长生不老，要求炼丹师们炼制长生不老药，而这种丹药往往含有大量的汞，不少帝王都是中毒而死。
他们当时还没意识到汞的毒性。

听说那边新开了一家温泉浴场，咱哥仨去泡温泉啊？
泡温泉？这个主意不错。
那赶紧出发吧！
铁
锌
镁

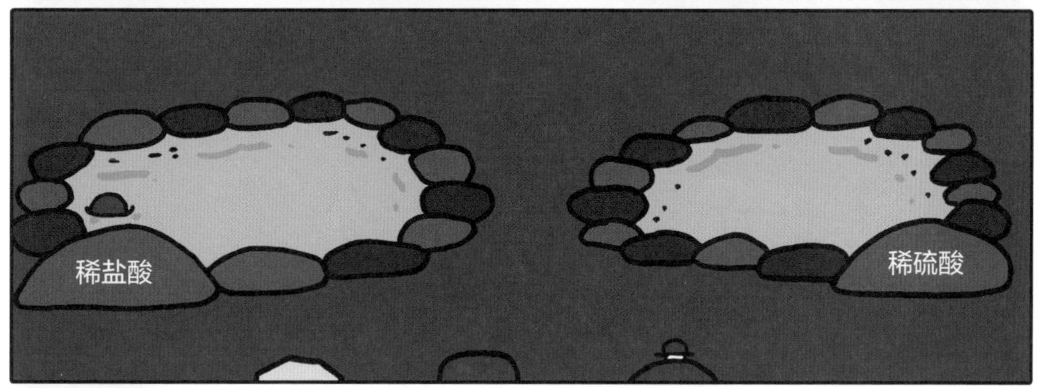
稀盐酸
稀硫酸

咱们泡哪一个啊？
来都来了，两个池子都得泡啊。
先泡盐酸池。

你俩动作可真快！
铜

咕！
咕嘟！
咕嘟嘟！
?

这三个人是不是放屁呢？

点根香，去除一下异味。

砰！！！
咱们换个池子吧？
好啊。
那我也换。

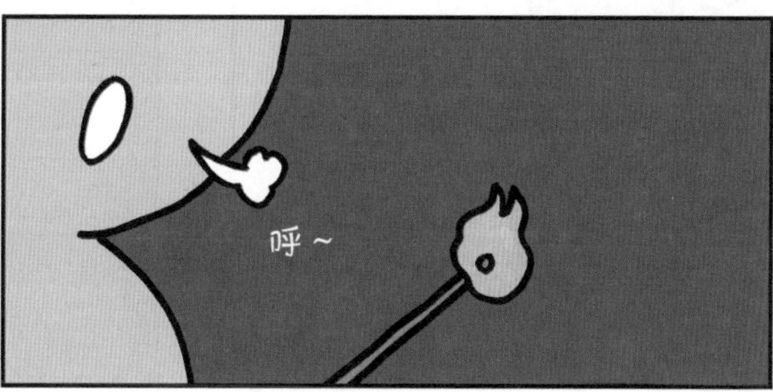

砰！！！

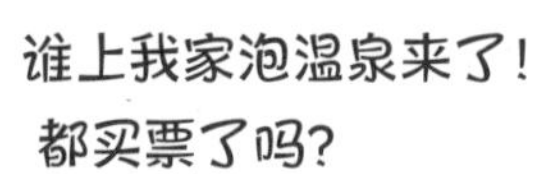
谁上我家泡温泉来了！
都买票了吗？

！

你俩跑得
太快了！

嗖
嗖

原来是镁、
锌、铁这三
个人啊。

现在应该没人
在泡了。

呵呵呵！

金属与稀盐酸的反应

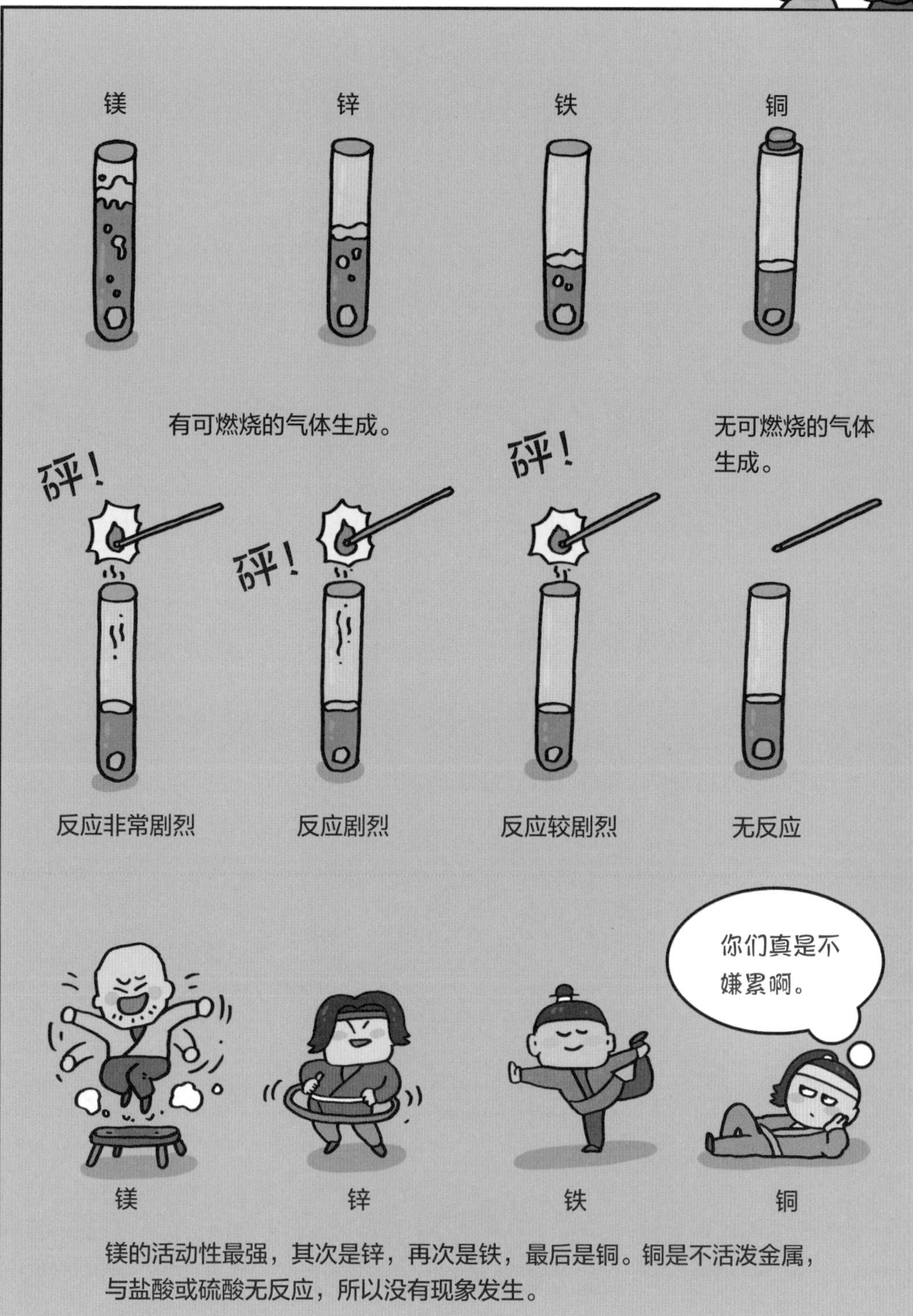

镁的活动性最强，其次是锌，再次是铁，最后是铜。铜是不活泼金属，与盐酸或硫酸无反应，所以没有现象发生。

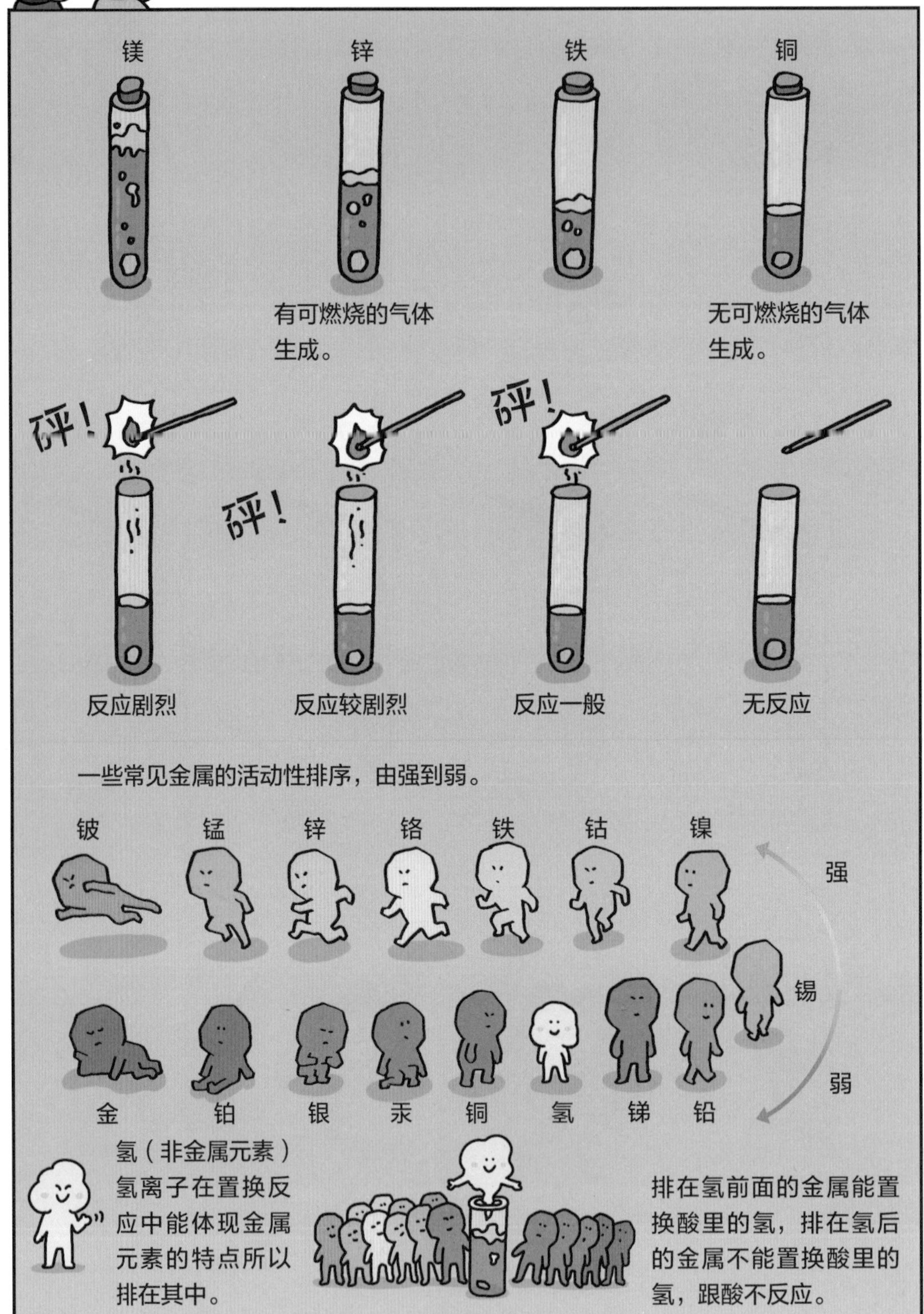
镁
锌
铁
铜
有可燃烧的气体生成。
无可燃烧的气体生成。
砰！
砰！
砰！
反应剧烈
反应较剧烈
反应一般
无反应
一些常见金属的活动性排序，由强到弱。
钡
锰
锌
铬
铁
钴
镍
强
锡
弱
金
铂
银
汞
铜
氢
锑
铅
氢（非金属元素）氢离子在置换反应中能体现金属元素的特点所以排在其中。
排在氢前面的金属能置换酸里的氢，排在氢后的金属不能置换酸里的氢，跟酸不反应。

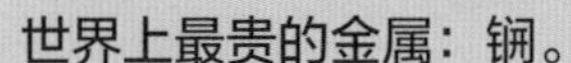

最贵与最便宜

世界上最贵的金属：锎。
锎是一种人造的放射性元素，1 克可达 2700 万美元左右，是黄金价格的几十万倍。
锎的合成难度极大，每年的产量不到 0.3 克，仅在核领域和治疗癌症方面有应用。
有 1 克我就是富豪了！
你捡起来的是石头子吧？
世界上最便宜的金属：铁。
铁是最不值钱的。
好大一块铁呀！能值不少钱吧？
铁在自然界中的含量比较高，提纯技术成熟。铁还是世界上年产量最高的金属，所以铁是世界上最便宜的金属。
谁可怜可怜我啊？
都给你了！

世界上最硬的金属：铬。

您才是大哥，
呵呵。我哪敢
跟您比。

听说你挺
硬啊？

铬的硬度仅次于自然界最硬的物质——金刚石。

铬的莫氏硬度为 9。

金刚石的莫氏硬度为 10。

给你们排个序。

德国矿物学家莫斯以自然界常见的 10 种矿物作为标准，将硬度按从小到大分为 10 级。

← 软　硬 →

1	2	3	4	5	6	7	8	9	10
滑石	石膏	方解石	萤石	磷灰石	正长石	石英	黄玉	刚玉	金刚石

世界上展性最强的金属：金。

1 克金可以打成 1 平方米的薄片。

打印纸

金箔

一张普通打印纸的厚度大约是 0.1 毫米，金箔的厚度可以达到 0.0001 毫米，比纸还要薄。

世界上延性最好的金属：铂。
铂可以拉成直径只有 0.0002 毫米的细丝，比头发丝还要细。

这样还不断，铂的
延性可真强！

约 0.05 毫米

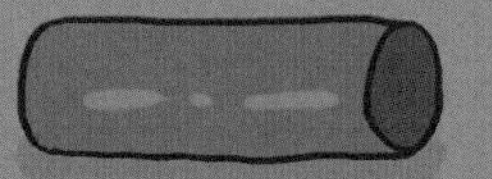

头发丝

0.0002 毫米　　铂丝

世界上最能吸收气体的金属：钯。

1 立方厘米的胶状钯能吸收
1200 立方厘米的氢气。

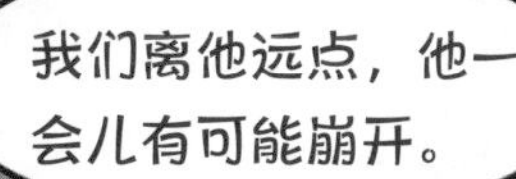

钯能吸收大量氢气，
块状的钯吸收氢气后
体积会增大，甚至撑
破、裂成碎片。

金属矿物是有限资源，
不能再生。
菱铁矿
铝土矿
黄铜矿
赤铁矿
开采矿石
冶炼
加工
铝质
饮料罐
提倡金属
回收。
回收再加工
回收金属再加工能节约金属资源，还能降低能源消耗。
废旧电池中的金属物质能污染土壤和地下水，会被农作物和动物吸收，最后对我们的健康造成损害。
农作物
土壤
地下水
动物
不好吃，味道怪怪的。

你们有没有想过，世界上如果没有金属，生活会是什么样？

如果没有金属……

不会有高楼大厦。

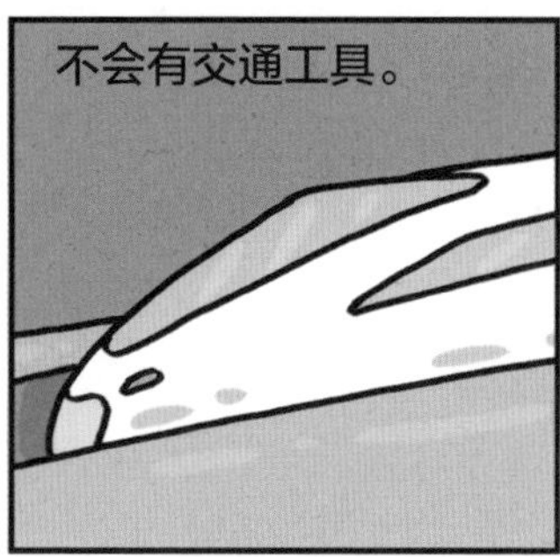
不会有交通工具。

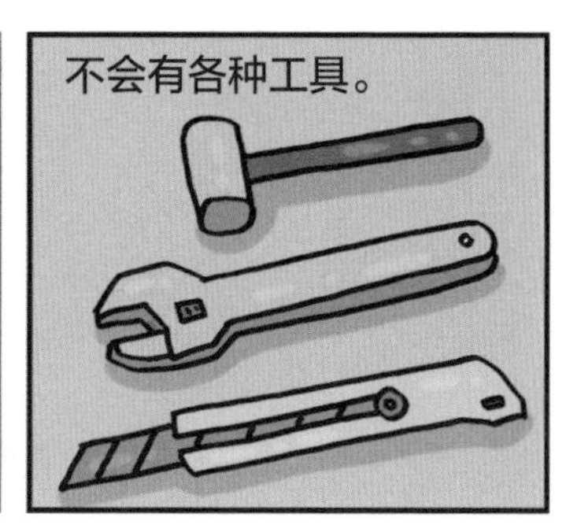
不会有各种工具。

呀！连火锅都没办法吃了，这可不行。

金属对人类来说实在是太重要了，人类要保护和合理利用金属资源。

我们不要兵器了，给我们打两口铁锅。
对，我们要铁锅。
呃……